環遊世界轉一圈

認識不同的自然環境

〔意〕Agostino Traini 著 / 繪

張琳 譯

新雅文化事業有限公司
www.sunya.com.hk

安格和皮諾正在學習地理，地球儀先生很高興自己被細細地端詳。

「你的身體幾乎都是藍色的。」安格說。

「那是因為有我！」一個微小的聲音說。

「水先生！」安格驚呼。

地球上大部分的地方都被水先生覆蓋着，所以看起來是藍色的！

海洋佔地球全部面積的多少？

地球上海洋的總面積約為三億六千萬平方公里，佔地球全部面積約71%，相當於陸地面積的兩倍多。

安格把一張很大的地圖掛到牆壁上。

「地球是圓形的，但是畫在地圖上，就變成平面了。」地球儀先生說。

安格和皮諾有很多問題想問地球儀先生，於是他提議道：「既然你們想了解世界，那不如我們就一起去旅行吧。」

什麼是赤道？

赤道不是一條真實存在的線，它是指地球表面，與南北兩極相隔同等距離，把地球平分為南、北兩半球的一條假想出來的圓周線。從左面的地圖所見，赤道上方的是北半球，下方的是南半球。

哪些國家在極地區域擁有領土？

極地包括北極地區和南極地區。在北極地區擁有領土的國家包括美國（阿拉斯加州）、加拿大、丹麥（格陵蘭島）、挪威和俄羅斯。而南極地區則沒有任何人類永久的居住點，那裏不屬於任何國家。

安格和皮諾急不及待地要出發了！

地球儀先生摸了摸自己冰冷的腦袋，說：「我們先去極地吧。」

接着，一陣寒冷的風吹來，把安格和皮諾吹起，他們就這樣跟着地球儀先生隨風飛走了。

「回頭見！」水先生跟他們道別。

知識點

愛斯基摩人是怎樣生活的？

愛斯基摩人是北極地區的土著民族。因為北極天氣嚴寒，無法種植蔬菜和水果，故此他們以打獵為生，海豹、北極熊、魚、馴鹿等動物的肉是他們的主要食糧。此外，他們會用動物的毛皮製成衣物，用牠們的油脂來照明和烹飪，並用其骨頭和牙齒作工具和武器。

不久，安格和皮諾便坐在愛斯基摩小艇上划起了船，這是愛斯基摩人平日所用的水上交通工具。

這裏的水是冰冷的，水面上漂浮着許多巨大的冰塊。

「在這裏，你們找不到植物。」地球儀先生說。

納努和緹麗婭克向大家問好，邀請大夥兒到他們的圓頂冰屋中作客。

北極可以找到企鵝嗎？

不可以。企鵝主要生活在南極，那裏有牠們的食物和適合的生活環境。所以，企鵝和北極熊生活在一起的畫面，只能在圖書中看到啊！

你還記得在本書第6頁中，小蟲說牠要送禮物給在加拿大的朋友嗎？在第10至25頁的每一頁上，都分別藏着那份禮物，你能找出來嗎？接下來翻到每一頁時，試找找看吧。

享用了美味的晚餐後，安格和皮諾便在圓頂冰屋裏安穩地睡着了，完全不知道屋外正下着暴風雪呢！此時，水先生則和在浮冰底下游泳的北極鱈魚聊天。

第二天早上，地球儀先生摸着肚子上一片綠色的區域說：「現在讓我們去熱帶地區吧！」

這次，颳起了一陣又熱又濕的風，把所有人都帶走了。

轉眼間，安格和皮諾便坐上了一隻用樹幹挖成的獨木舟。小船順着河流在熱帶雨林中穿行，到處都可以看到色彩極其鮮豔的花兒和動物。

為什麼熱帶雨林擁有種類如此豐富的動植物？

熱帶雨林雖然只佔地球表面不到2%的面積，但卻是地球上超過50%動植物的家園。這是因為熱帶雨林有充足的陽光和雨水，適合不同種類的植物生長；而植物又可以作為動物的食糧，加上雨林中長有大量高大的樹木，可作為動物的住所和藏匿處，因此有利於不同種類的動物生存。

村莊裏的居民向新來的朋友們問好，邀請安格和皮諾去他們的棚屋裏作客。

那裏的居民有的在河裏游泳、嬉水，有的在捉魚。

什麼是卡姆果？

卡姆果是原產於秘魯共和國亞馬遜河上游的水果。它外形似葡萄，果實直徑為2至3厘米，成熟時呈紫紅色，果肉幾乎為半透明的白色。它的味道極酸，天然維他命C含量在全世界的水果中數一數二。

大家在棚屋裏一起享用美食，水果非常鮮甜，客人們吃得很高興。而水先生就和食人魚在外面聊起了天。

當安格和皮諾吃完美味的水果後，地球儀先生又準備出發了。

「現在，我要帶你們去沙漠。」地球儀先生說着，摸了摸肚臍附近的啡黃色區域。然後，一陣夾雜着砂石的熱風便捲起了他們，把他們帶走了。

「在那裏你們很難找到我啊！」水先生笑着說。

「我們好像置身在火爐裏！」安格說。

幸好，他們在這裏認識了一位新朋友——單峯駱駝，要是沒有牠，在沙漠裏行走可是非常困難的。

「誰知道水先生在哪兒呢？」皮諾看着一望無際的沙漠問道。

單峯駱駝和雙峯駱駝有什麼分別？

駱駝主要分為兩種：一個駝峯的單峯駱駝和兩個駝峯的雙峯駱駝。單峯駱駝比較高大，能在沙漠中走動，可以運貨和讓人乘騎；而雙峯駱駝四肢粗短，較適合在沙礫和雪地上行走。

「啊！我看到那裏有幾棵棕櫚樹！」安格興奮地叫了起來。

「那是一片沙漠綠洲，在那裏你們可以找到你們的好朋友。」地球儀先生向他們保證。

「希望那不是海市蜃樓吧……」皮諾邊說邊向綠洲跑去。

知識點

貝都因人是怎樣生活的？

貝都因人是在沙漠曠野過遊牧生活的阿拉伯人。他們逐水草而居，住的是可以隨時遷移的帳篷，哪裏有水源便會移居到哪裏。他們以狩獵為生，也會飼養駱駝和羊，甚至可能會劫掠路經的人，以維持他們的生活。

躲在棕櫚樹的樹蔭下休息真舒服啊！這裏的水雖然有些泥濘，但味道卻很甘甜。

幾個貝都因人向安格和皮諾他們問好，並拿來薄荷茶和非常美味的甜點招待他們。

單峯駱駝喝飽了水，滿足地睡着了。而安格、皮諾和地球儀先生卻又準備要啟程了！

「這次你要帶我們到哪裏？」安格好奇地問地球儀先生。

「我想去山區……」一陣凜冽的寒風吹來，把他們都帶走了。

「大家千萬要小心啊！」地球儀先生提醒道。

他們站在一條山路上，眼前的風景非常壯觀。但大家必須要小心，防止失足掉落山下。

他們走啊走，終於走到一間山中旅店。菲蘿美娜就住在這個高度達海拔2,800米的地方。

「快來吃點心吧！」菲蘿美娜招呼他們。她做的蘋果派在整個山谷裏是很有名的。

想一想，居住在高山上有什麼好處和壞處？說說看。

這蘋果派真是太好吃了！

地球儀先生告訴安格和皮諾，高聳的山峯總是吸引着人類，因此在不少高山的山頂上都有人們建立的村莊。

人類還在難以到達的地方開墾菜園。

「不過，在海拔極高的區域，樹木是無法生長的！」安格提醒說。

為什麼在海拔極高的區域，樹木無法生長？

因為那裏天氣寒冷，低溫會影響樹木進行光合作用的成效，使樹木生長得慢，還會令植物體內的水分被凍結住，無法輸送水分和養料。此外，高山地區的土壤稀薄甚至沒有土壤，這都會使樹木無法從土壤中獲得所需的水分和養料，因而無法生長。

「如果你們想看美麗的樹木，我帶你們去一個地方吧。」地球儀先生說着摸了摸自己的額頭，那裏寫着「加拿大」。

一陣帶着木頭、樹脂和蘑菇香氣的風，把所有人帶到了一片無邊無際的森林裏。

加拿大在哪裏？

加拿大位於北半球的北美洲，是全球面積第二大的國家，它南方和西北方的國土與美國接壤。加拿大有很多楓樹，因此有「楓葉之國」的美譽。

水先生正在湖中教一頭麋鹿游泳，一個小伙子在旁邊划着艇。

加油！你很快
就能學會……

樹林裏長滿紅莓和藍莓，安格和皮諾飽飽地吃了一頓。

「謝謝你，我的朋友，這趟旅程真美好！」安格說。

「一旦開始在你的肚子上遊走，就再也不想停下來了！」皮諾補充道，「真是太好玩了！」

「隨時歡迎你們來和我一起到處去，不過可別搔我癢癢啊！」地球儀先生笑着說。

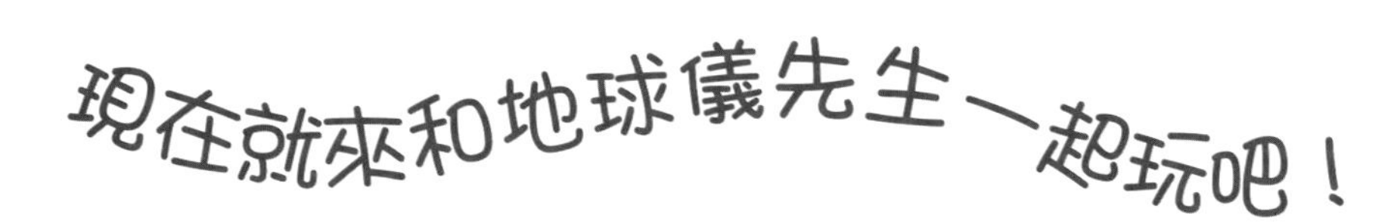

你會學到許多新奇、有趣的東西，

它們就發生在你的身邊。

獨一無二的地球儀

你需要：

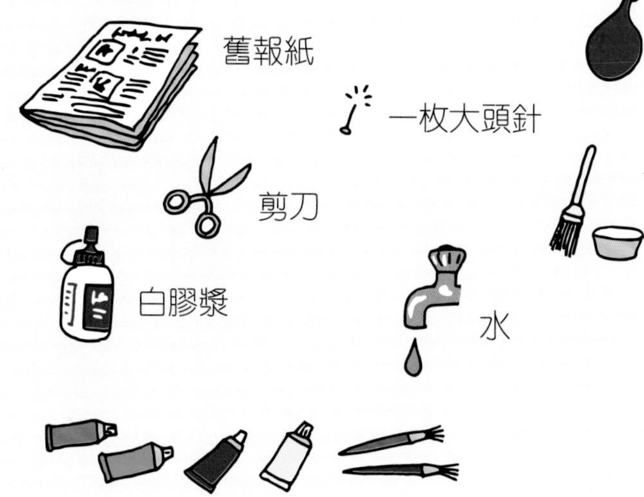

舊報紙

一個圓形氣球

一枚大頭針

一把掃子和一隻小碗

剪刀

白膠漿

水

膠彩顏料和畫筆

難度：

做法：

1 先把報紙剪成條狀。吹起氣球，打結固定。然後在小碗裏加少許水稀釋白膠漿。

在氣球表面用掃子塗上一層白膠漿，然後蓋上報紙紙條。紙條要縱橫交錯地貼在氣球上。

紙條不要覆蓋氣球的結，把紙球放在太陽底下曬乾。

當表面的紙條黏牢固定後，便可以用一枚大頭針把氣球戳破。
在氣球打結的地方會留下一個洞，可再貼上紙條把它蓋住。

現在就可以把顏料塗在你的地球儀上。你可以仿照真正的地球儀來畫，也可以發揮你的想像力，自由創作！

你還可以為它畫上眼睛，再用卡紙為它做兩條手臂啊！

好奇水先生
環遊世界轉一圈

作者：〔意〕Agostino Traini
繪圖：〔意〕Agostino Traini
譯者：張琳
責任編輯：劉慧燕
美術設計：何宙樺
出版：新雅文化事業有限公司
香港英皇道499號北角工業大廈18樓
電話：（852）2138 7998
傳真：（852）2597 4003
網址：http://www.sunya.com.hk
電郵：marketing@sunya.com.hk
發行：香港聯合書刊物流有限公司
香港荃灣德士古道220-248號荃灣工業中心16樓
電話：（852）2150 2100
傳真：（852）2407 3062
電郵：info@suplogistics.com.hk
印刷：中華商務彩色印刷有限公司
香港新界大埔汀麗路36號
版次：二〇一六年九月初版
二〇二一年四月第三次印刷

ISBN: 978-962-08-6635-7

Original Title: Il Giro Del Mondo Col Signor Acqua
Translation by Zhang Lin.

18/F, North Point Industrial Building, 499 King's Road, Hong Kong
Published in Hong Kong, China
Printed in China